上海市住房和城乡建设管理委员会

上海市市政工程预算定额

第三册 综合杆工程

SH A1—31(03)—2022

同济大学出版社
2024 上 海

图书在版编目(CIP)数据

上海市市政工程预算定额. 第三册，综合杆工程 SHA1—31(03)—2022 / 上海市建筑建材业市场管理总站，上海市城市综合管理事务中心主编. -- 上海：同济大学出版社，2024.9. -- ISBN 978-7-5765-1304-2

Ⅰ. TU723.3

中国国家版本馆 CIP 数据核字第 2024BH4087 号

上海市市政工程预算定额 第三册 综合杆工程 SH A1—31(03)—2022

上海市建筑建材业市场管理总站
上海市城市综合管理事务中心 主编

责任编辑 朱 勇 **责任校对** 徐春莲 **封面设计** 陈益平

出版发行 同济大学出版社 www.tongjipress.com.cn

(地址：上海市四平路 1239 号 邮编：200092 电话：021-65985622)

经 销 全国各地新华书店

印 刷 苏州市古得堡数码印刷有限公司

开 本 890mm×1240mm 1/16

印 张 3.5

字 数 108 000

版 次 2024 年 9 月第 1 版

印 次 2024 年 9 月第 1 次印刷

书 号 ISBN 978-7-5765-1304-2

定 价 40.00 元

上海市市政工程预算定额
第三册 综合杆工程

SH A1—31(03)—2022

主 编 单 位: 上海市建筑建材业市场管理总站
上海市城市综合管理事务中心

参 编 单 位: 隧道股份上海市城市建设设计研究总院(集团)有限公司

主要编制人员: 陈锋锋 孙晓东 唐海雯 马亚博 袁 超
蒋宏彦 姚 婷 年蓓蓓 李 瑶 杜 燕
曲 媛 陈 伟 刘光义 吴文松 韩志跃
万善余 王俊连 赵易鸣 韩 煦 张浩怡
向金荣 逯垚迪 刘越峰 赵思韧 郑 磊
贾 鹏

评 审 专 家: 徐金妹 朱浩祥 王小明 朱 健 王 建
汪一江 胡登明 金益桓 黄慰忠

上海市住房和城乡建设管理委员会文件

沪建标定〔2022〕677 号

上海市住房和城乡建设管理委员会关于批准发布《上海市市政工程预算定额 第三册 综合杆工程(SH A1—31(03)—2022)》的通知

各有关单位：

为进一步完善本市建设工程计价依据，满足本市市政工程的计价需求，根据《关于印发2020年度上海市工程建设及城市基础设施养护维修定额编制计划的通知》(沪建标定〔2019〕545号)，由上海市城市综合管理事务中心承担编制的《上海市市政工程预算定额 第三册 综合杆工程(SH A1—31(03)—2022)》经审核，现予以批准发布，自2023年3月1日起实施。

本次发布的定额由市住房城乡建设管理委负责管理，由上海市建筑建材业市场管理总站负责组织实施和解释。

特此通知。

上海市住房和城乡建设管理委员会

2022年11月28日

总 说 明

一、《上海市市政工程预算定额　第三册　综合杆工程》(以下简称“本定额”)是按照国家标准的建设工程计量、计价规范,包括项目划分、项目名称、计量单位、工程量计算规则等与上海市综合杆设施工程实际相衔接,并结合多年来“新技术、新工艺、新材料、新设备”和节能、环保等技术的推广应用而编制的量价分离的预算定额。

二、本定额是完成规定计量单位分项工程所需的人工、材料、施工机械台班消耗量标准,是编制施工图预算的参考依据,是确定最高投标限价、合同价、结算价、调解工程价款争议、工程投标报价或编制企业定额的参考依据,也是编制上海市建设工程概算定额、估算指标与技术经济指标的基础。

三、本定额适用于上海市城市地面道路上的综合杆设施新建工程。

四、本定额是依据《综合杆设施技术标准》DG/TJ 08—2362—2021,并参考了有代表性的工程设计、施工资料和其他资料编制的。

五、本定额共分六章,包括:

第一章　通用项目

第二章　综合电源箱、综合设备箱安装

第三章　综合管道及线缆工程

第四章　综合杆安装

第五章　防雷接地

第六章　设备调试

六、本定额是按照正常的施工条件、目前行业内的施工机械装备程度以及合理的施工工期、施工工艺、劳动组织编制的,反映了上海市综合杆设施工程的社会平均消耗水平。

七、本定额人工不分工种和技术等级,以综合人工(土建)、综合人工(安装)表示。人工消耗量内容包括基本用工、辅助用工、超运距用工及人工幅度差。本定额每工日按8小时工作制计算。

八、本定额中的材料分为主要材料和辅助材料。凡能计量的材料、成品、半成品均按品种、规格逐一列出用量,并计入相应的损耗。其损耗的内容和范围包括从工地仓库、现场集中堆放地点或现场加工地点至操作或安装地点的现场运输损耗、施工操作损耗、施工现场堆放损耗。

九、本定额中的周转性材料(钢模板、支撑、木模板等)已按规定的材料周转次数摊销计入定额内,并包括回库维修的消耗量。

十、本定额中难以计量的零星材料已综合为“其他材料费”,以占该项目的材料费之和的百分率计算。

十一、本定额的机械台班消耗量已考虑了机械幅度差内容。定额中的机械类型、规格是在正常施工条件下,按常用机械类型进行合理配置。

十二、本定额的工作内容中已扼要说明了主要施工工序,次要工序已考虑在定额内。

十三、本定额中混凝土按预拌混凝土考虑,砂浆按预拌砂浆考虑。混凝土及砂浆强度等级与设计强度等级不同时,可按设计强度等级进行换算。定额中的混凝土养护除另有说明,均按自然养护考虑。

十四、本定额未包括破除人行道、破除混凝土路面、现状杆件及机箱拆除、综合杆上搭载设施(除照明灯具)安装等内容。

十五、凡本定额包含的项目,应按本定额项目执行。本定额缺项部分,可按其他专业定额工料机消耗量计算直接费,按市政定额费率表取费。

十六、本定额注有“××以内”或“××以下”者,均包括××本身;“××以外”或“××以上”者,则不包括××本身。

十七、凡本说明未尽事宜,详见各章说明和工程量计算规则。

目　录

第一章　通用项目

说　明

一、本章定额包括挖填土、混凝土基础及压桩，共三节内容。

二、挖土定额综合考虑了干湿土的比例。

三、机械挖土定额中已考虑机械挖掘所不及位置和修整底边所需的人工。

四、混凝土包封定额中已包括模板的制作及安拆。

五、压桩定额中钢管桩为钢管预制桩，钢管预制桩的钢板卷管和特制法兰等出厂前已制作成型，施工工序中无内切割和精割盖帽等工作内容，使用定额时不得另行计算。

六、压桩定额中钢管预制桩消耗量按照表 1.1 中参数计算，若实际桩长、壁厚与定额不一致，钢管预制桩消耗量可按实调整，其余人材机消耗量不作调整。

表 1.1　本定额钢管预制桩消耗量计算参数

序号	钢管预制桩型号	桩长(m)	外径(mm)	壁厚(mm)	损耗率(%)
1	ϕ273	4	273	10	1
2	ϕ325	4	325	10	
3	ϕ426	6	426	12	
4	ϕ529	6	529	12	
5	ϕ630	6	630	12	

钢管预制桩的重量(钢的密度为 7.85 g/cm^3)按下式计算：

$$W=0.0246615\times(D-t)\times t\times(1+1\%)\times L$$

式中：W——钢管预制桩的重量(t)；

D——钢管预制桩的外径(mm)；

t——钢管预制桩的壁厚(mm)；

1%——损耗率；

L——钢管的长度(m)。

工程量计算规则

一、挖土按天然密实体积以“m^3”为单位计算，填土按压实后的体积以“m^3”为单位计算。

二、综合管道埋地敷设沟槽挖土工程量按设计图纸尺寸计算。各类手孔在沟槽中因加宽和加深而增加的土方量，按沟槽挖土量的 5%计入。

三、碎石垫层、垫层混凝土、混凝土包封、基础混凝土，按实体积以“m^3”为单位计算。

四、基础模板按与混凝土接触面积，以“m^2”为单位计算。

五、基础钢筋、预埋铁件按设计图示尺寸，以“t”为单位计算。

六、地脚螺栓按设计图示尺寸，以“套”为单位计算。

七、压钢管桩工程量，按不同桩径及长度以“根”为单位计算。

八、钢管桩填芯工程量，按设计长度乘以管内截面积以“m^3”为单位计算。

九、单桩静荷载试验不区分桩径，以“根”为单位计算。

第一节　挖填土

工作内容:1. 挖土、装土、整修边坡、50 m 以内运土卸土、清理等。
2. 机械挖土、就地抛土、整修坡底面、清理等。
3. 挖土、装土、修整底边、清理现场等。
4. 机械就位、转移、挖土、现场抛土、人工整修底边、清理现场等。

定额编号				04-9-1-1	04-9-1-2	04-9-1-3	04-9-1-4
项目			单位	基础挖土		沟槽挖土	
				人工挖土	机械挖土	人工挖土	机械挖土
				m^3			
人工	00070103	综合人工(土建)市政	工日	0.5815	0.0375	0.4171	0.0491
机械	99010060	履带式单斗液压挖掘机 1 m^3	台班	—	0.0276	—	0.0200

工作内容:1. 填土、夯实、清理等。
2. 填砂、浇水、振实、清理等。
3. 装载机装土、运土、卸土、回空、清理场地。
4. 土方场外运输。

定额编号				04-9-1-5	04-9-1-6	04-9-1-7	04-9-1-8
项目			单位	回填土	回填黄砂	土方场内运输 自卸汽车运距 1 km 以内装运土	土方场外运输
				m^3	m^3	m^3	m^3
人工	00070103	综合人工(土建) 市政	工日	0.3515	0.2878	0.0372	—
材料	04030115	黄砂 中粗	t	—	1.8179	—	—
	34110101	水	m^3	—	0.0882	—	—
机械	99050930	混凝土振捣器 插入式	台班	—	—	—	—
	99070220	轮胎式装载机 1 m^3	台班	—	—	0.0093	—
	99070680	自卸汽车 12 t	台班	—	—	0.0093	—
	99130370	蛙式打夯机	台班	0.0924	0.0692	—	—
	99510010	土方外运	m^3	—	—	—	1.0000

第二节　混凝土基础

工作内容：1. 卸料、铺平、压实、找平等。
2. 浇筑、抹平、清理等。
3. 清理现场，模板制作安装，混凝土浇捣、养护。
4. 浇筑、抹平、养护、清理等。

定额编号				04-9-1-9	04-9-1-10	04-9-1-11	04-9-1-12
项目			单位	碎石垫层	混凝土垫层	混凝土包封	混凝土基础
				m^3			
人工	00070103	综合人工(土建) 市政	工日	0.5846	0.4251	4.6301	0.3599
材料	04050215	碎石 5～25	t	1.9000	—	—	—
	80210515	预拌混凝土(非泵送型) C20 粒径 5～40	m^3	—	1.0100	1.0150	—
	80210520	预拌混凝土(非泵送型) C30 粒径 5～20	m^3	—	—	—	1.0100
	80060212	干混抹灰砂浆 DP M10.0	m^3	—	—	0.0009	—
	02090101	塑料薄膜	m^2	—	—	—	1.0619
	34110101	水	m^3	—	—	1.5164	0.2336
	02330212	草袋 700×800	只	—	—	5.0866	—
	03150101	圆钉	kg	—	—	3.5327	—
	03152546	镀锌铁丝 22#	kg	—	—	0.0090	—
	14350301	脱模剂	kg	—	—	0.4727	—
	35010101	钢模板	kg	—	—	0.0446	—
	35020331	模板木支撑	m^3	—	—	0.0317	—
	35020422	钢模零星卡具	kg	—	—	1.0074	—
	X0045	其他材料费	%	—	—	3.0000	3.0000
机械	99050930	混凝土振捣器 插入式	台班	—	0.1328	—	0.0879
	99070540	载重汽车 6 t	台班	—	—	0.0250	—
	99090360	汽车式起重机 8 t	台班	—	—	0.0070	—
	99210010	木工圆锯机 ϕ500	台班	—	—	0.0040	—

工作内容: 1. 制作、安装、涂脱模剂、拆除、修理、整堆等。
2. 钢筋制作、安装。
3. 拧紧节点全部高强螺栓,并做好扭剪头的回收等全部操作过程。
4. 制作、除锈、钢板划线、切割、钢筋调直、下料、弯曲、安装、焊接、清渣、清理等。

定额编号				04-9-1-13	04-9-1-14	04-9-1-15	04-9-1-16
项目			单位	混凝土基础基础模板	混凝土基础基础钢筋	地脚螺栓	预埋铁件
				m^2	t	套	t
人工	00070103	综合人工(土建) 市政	工日	0.1946	6.0740	0.0899	24.1379
材料	35010703	木模板成材	m^3	0.0120	—	—	—
	03150101	圆钉	kg	0.0534	—	—	—
	35010101	钢模板	kg	0.6685	—	—	—
	35020401	钢模零配件	kg	1.3525	—	—	—
	35020106	钢模支撑	kg	0.2755	—	—	—
	01010411	热轧光圆钢筋(HPB300) $\phi \leqslant 10$	t	—	0.2390	—	—
	01010212	热轧带肋钢筋(HRB400) $\phi > 10$	t	—	0.8937	—	—
	03152501	镀锌铁丝	kg	—	4.6747	—	—
	03130101	电焊条	kg	—	3.6514	—	8.3000
	03014801	高强螺栓连母垫	套	—	—	1.0200	—
	01150101	热轧型钢 综合	t	—	—	—	0.3430
	01290301	热轧钢板(中厚板)	t	—	—	—	0.7130
	17010101	焊接钢管	t	—	—	—	—
	14390101	氧气	m^3	—	—	—	3.8600
	14390301	乙炔气	m^3	—	—	—	1.3786
	X0045	其他材料费	%	5.0000	—	—	—
机械	99170030	钢筋切断机 $\phi 40$	台班	—	0.7480	—	—
	99170050	钢筋弯曲机 $\phi 40$	台班	—	0.7480	—	—
	99250020	交流弧焊机 32 kVA	台班	—	1.1234	—	3.0172
	99070540	载重汽车 6 t	台班	0.0148	0.7457	—	—
	99191510	电动扭力扳手 27×30	台班	—	—	0.0203	—

第三节　压　桩

工作内容：准备压桩机具、移动压桩机、吊装定位、安卸桩帽、校正、压桩、螺栓安装等全部操作过程。

定额编号				04-9-1-17	04-9-1-18	04-9-1-19	04-9-1-20
项目			单位	压桩	压桩	压桩	压桩
				桩径≤273 mm 桩长 4 m 以内	桩径≤325 mm 桩长 4 m 以内	桩径≤426 mm 桩长 6 m 以内	桩径≤529 mm 桩长 6 m 以内
				根	根	根	根
人工	00070103	综合人工(土建) 市政	工日	1.5000	1.5000	2.0000	2.0000
材料	33010021000	钢管预制桩	t	0.2616	0.3141	0.7424	0.9272
	20110900000	特制法兰	套	1.0000	1.0000	1.0000	1.0000
	35091901	钢桩帽摊销	kg	3.0000	3.0000	3.0000	3.0000
	03014801	高强螺栓连母垫	套	4.0000	8.0000	8.0000	8.0000
	X0045	其他材料费	%	3.0000	3.0000	3.0000	3.0000
机械	99030331	液压静力压桩机 42 t	台班	0.1875	0.1875	0.2500	0.2500
	99070590	载重汽车 15 t	台班	0.1125	0.1125	0.1500	0.1500

工作内容：1. 准备压桩机具、移动压桩机、吊装定位、安卸桩帽、校正、压桩、螺栓安装等全部操作过程。
2. 冲洗管桩内芯、排水、填芯等。
3. 单桩静载试验。

定额编号				04-9-1-21	04-9-1-22	04-9-1-23
项目			单位	压桩 桩径≤630 mm 桩长 6 m 以内	管桩黄砂填芯	单桩静荷载试验
				根	m^3	根
人工	00070103	综合人工(土建) 市政	工日	2.0000	0.1684	2.5000
材料	33010021000	钢管预制桩	t	1.1080	—	—
	20110900000	特制法兰	套	1.0000	—	—
	35091901	钢桩帽摊销	kg	3.0000	—	—
	04030115	黄砂 中粗	t	—	1.8000	—
	34110101	水	m^3	—	0.5000	—
	03014801	高强螺栓连母垫	套	8.0000	—	—
	X0045	其他材料费	%	3.0000	—	—
机械	99030331	液压静力压桩机 42 t	台班	0.2500	—	—
	99070590	载重汽车 15 t	台班	0.1500	—	—
	99010060	履带式单斗液压挖掘机 1 m^3	台班	—	—	0.5000
	98471000000	RS1616K(s)动测仪	台班	—	—	0.5000
	98471010000	SY-2 加速度传感器	台班	—	—	0.0200
	98471020000	CYB-YB-F1K-A 应变传感器	台班	—	—	0.0200
	99451160000	JZ-34-118 激振锤(2 kN)	台班	—	—	0.0200

第二章　综合电源箱、综合设备箱安装

说　明

一、本章定额包括综合电源箱安装和综合设备箱安装，共两节内容。

二、机箱粘贴编号标签已综合考虑在安装综合电源箱和安装综合设备箱定额中，不得另行计算。

工程量计算规则

综合电源箱安装、综合设备箱安装以“套”为单位计算。

第一节 综合电源箱安装

工作内容：箱体安装、接线、接地、粘贴编号标签等。

定额编号				04-9-2-1
项目			单位	安装综合电源箱
				套
人工	00070105	综合人工(安装) 市政	工日	3.8542
材料	98030046000	综合电源箱	套	1.0000
	03014200000	六角螺栓连母垫 M20×15～75	套	4.0333
	27061325	接地铜缆 25 mm^2	m	2.0250
	29020631	电缆固定压板(铁件)	kg	0.9500
	34130218000	编号标签	个	1.0100
	X0045	其他材料费	%	3.0000
机械	99070540	载重汽车 6 t	台班	0.1500
	99090360	汽车式起重机 8 t	台班	0.2500

第二节　综合设备箱安装

工作内容：箱体安装、接线、接地、粘贴编号标签等。

定额编号				04-9-2-2
项目			单位	安装综合设备箱
				套
人工	00070105	综合人工(安装) 市政	工日	0.7232
材料	33410141000	综合设备箱	套	1.0000
	03014200000	六角螺栓连母垫 M20×15～75	套	4.0333
	27061325	接地铜缆 25 mm^2	m	2.5000
	29020631	电缆固定压板(铁件)	kg	0.3000
	34130218000	编号标签	个	1.0100
	X0045	其他材料费	%	3.0000
机械	99070540	载重汽车 6 t	台班	0.1054
	99090360	汽车式起重机 8 t	台班	0.1756

第三章　综合管道及线缆工程

说　明

一、本章定额包括综合管道敷设、电缆敷设、光缆敷设及手孔，共四节内容。

二、电缆敷设及电缆头安装制作定额均按铜芯电缆考虑。如采用铝芯电缆，铝芯电缆敷设安装按定额人工乘以系数 0.83；铝芯电缆头制作安装按定额人工乘以系数 0.83，材料铜接线端子改为铝接线端子。

三、线缆挂编号标签已综合考虑在线缆敷设定额中，不得另行计算。

四、手孔定额中已综合考虑了铺垫层、浇筑混凝土、砌井、水泥砂浆抹面、安装盖座、粘贴编号标签等工作内容。

五、根据《综合杆设施技术标准》DG/TJ 08—2362—2021，综合杆设施接地系统一般采用 TN-S 系统（三相五线制），故本章电力电缆敷设定额均按五芯考虑。如实际采用的芯数不同，可以调整。

六、综合管道混凝土包封套用第一章通用项目相关定额。

工程量计算规则

一、定额名称规格中的“$n \times m$”，其中“n”为每层孔数，“m”为层数。敷设塑料管定额，塑料管按单根管 6 m 长计取。铺设综合管道的长度均按图示管道段长，即手孔中心到手孔中心，以“m”为单位计算，不扣除手孔所占长度。

二、电缆敷设定额未考虑波形增加长度及预留等富余长度，该长度应计入工程量之内。电缆敷设长度按设计图示尺寸并按表 3.1 的规定计算附加长度（波形长度或预留量），以“m”为单位计算。

表 3.1　电缆敷设预留量及附加长度

序号	项目	预留（附加）长度	说明
1	电缆敷设松弛度、波形弯度、交叉	电缆全长的 2.5%	按电缆全长计算
2	电力电缆终端头	1.5 m	规范规定最小值
3	电缆中间接线盒	两端各 2.0 m	规范规定最小值

二、电缆端头按设计图示数量以“个”为单位计算。

四、光缆敷设按照敷设总长度和预留长度之和以“m”为单位计算。光缆预留长度计算：设计有规定时，按设计规定计算；设计无规定时，按下列规定计算预留长度。

（一）光缆松弛度、波形弯度、交叉等，按光缆全长度的 2.5%计算附加长度。

（二）光缆进入综合箱，预留长度按箱体的半周长计入相应工程量。

（三）光缆接入终端接线盒，从安装对象中心算起，预留 0.5 m。

（四）光缆头预留 1.5 m。

五、手孔按设计图示数量以“座”为单位计算。

第一节 综合管道敷设

工作内容:1,2. 测位、锯管、敷设、接口、堵管口。
3,4. 测位、沟底夯实、锯管、接口、敷设。

定额编号				04-9-3-1	04-9-3-2	04-9-3-3	04-9-3-4
项目			单位	综合管道埋地敷设塑料管DN100以内4孔(2×2)	综合管道埋地敷设塑料管DN100以内6孔(3×2)	综合管道埋地敷设热镀锌钢管DN100以内4孔(2×2)	综合管道埋地敷设热镀锌钢管DN100以内8孔(4×2)
				m	m	m	m
人工	00070105	综合人工(安装)市政	工日	0.1028	0.1469	0.3427	0.6528
材料	Z29060501	硬塑料管(电缆保护管)	m	4.2400	6.3600	—	—
	Z29060281	钢管(电缆保护管)	m	—	—	4.1600	8.3200
	14411801	胶粘剂	kg	0.0480	0.0720	—	—
	29070631	电缆套接管	m	0.0911	0.1367	—	—
	18035319	镀锌外接头 DN100	个	—	—	0.7557	1.5113

工作内容:1. 准备、测量定位、工作坑开挖、钻机锚固、机具就(退)位、扩孔、泥浆池挖填、造浆、钻孔、注浆、清孔、导管装拆、接管、清理现场、工器具移运等。

2. 清刷管孔、塑料管外观检查、敷设塑料管并试通、固定堵头及塞子、管头做标记。

定额编号				04-9-3-5	04-9-3-6
项目			单位	非开挖管道敷设 DN100 以内 8 孔(4×2)	通信子管敷设 塑料管 4 孔
				m	
人工	00070105	综合人工(安装) 市政	工日	1.4640	0.0213
材料	17252002	聚乙烯管(PE) dn100	m	8.4800	—
	17252003	聚乙烯管(PE) dn32	m	—	4.1200
	35060310	回扩器 ϕ250	只	0.0250	—
	34110101	水	m^3	3.1200	—
	04093101	膨润土	kg	86.6640	—
	14312301	碳酸氢钠(小苏打)	kg	1.7200	—
	80112602	化学泥浆	kg	2.4560	—
	03152513	镀锌铁丝 14#～16#	kg	—	0.0104
	03152506	镀锌铁丝 6#～8#	kg	—	0.0202
	14030101	汽油	kg	—	0.0020
	18097101	聚乙烯(PE)管固定堵头(带塞子)	个	—	0.0248
	X0045	其他材料费	%	3.0000	3.0000
机械	99250386	热熔焊接机 ϕ63/ϕ160	台班	0.0500	—
	99351160	水平定向钻机 ZT-25	台班	0.0500	—
	99440010	电动单级离心清水泵 ϕ50	台班	0.1000	—
	99070540	载重汽车 6 t	台班	0.0500	—
	99090360	汽车式起重机 8 t	台班	0.0500	—
	99070560	载重汽车 10 t	台班	—	0.0020

第二节 电缆敷设

工作内容:1,2. 开箱、检查、架线盘、敷设、锯断、排列、整理、固定、收盘、临时封头、挂编号标签。
3. 削线头、套绝缘管、焊(压)接头、包缠绕绝缘带。

定额编号				04-9-3-7	04-9-3-8	04-9-3-9
项目			单位	电缆敷设 水平敷设 截面 35 mm^2 以内	电缆敷设 竖直通道敷设 截面 35 mm^2 以内	压铜接线端子 导线截面 35 mm^2 以内
				m		个
人工	00070105	综合人工(安装) 市政	工日	0.0386	0.1320	0.0731
材料	28110101	电缆	m	1.0100	1.0100	—
	01530512	封铅 含铅65% 含锡35%	kg	0.0101	0.0101	—
	02070210	橡胶垫 δ2	m^2	0.0007	0.0017	—
	03014612	精制六角螺栓连母垫 M8×80	套	0.3162	1.0656	—
	03018123-1	膨胀螺栓(钢制) M10×80	套	0.1686	2.0200	—
	03152508	镀锌铁丝 8#～12#	kg	0.0033	0.0317	—
	03210207	硬质合金冲击钻头 ϕ8～ϕ10	根	0.0016	0.0025	—
	14332511	硬脂酸 一级	kg	0.0005	0.0005	—
	27251301	沥青绝缘胶	kg	0.0010	0.0010	—
	29252681	镀锌电缆固定卡子 2×35	个	0.2449	1.8550	—
	29252815	镀锌电缆吊挂 3.0×50	套	0.0730	—	—
	34130218000	编号标签	个	0.0615	0.0633	—
	Z29090201	铜接线端子	个	—	—	1.0200
	03110623	铁砂布 2#	张	—	—	0.1203
	03211001	钢锯条	根	—	—	0.0203
	27170111	黑胶布胶带 20×20 m	卷	—	—	0.0203
	27170311	黄漆布带 20×40 m	卷	—	—	0.0101
	29060909	电气塑料软管 ϕ12	m	—	—	0.0300
	14090611	电力复合脂 一级	kg	—	—	0.0021
	X0045	其他材料费	%	3.0000	3.0000	3.0000
机械	99070540	载重汽车 6 t	台班	0.0038	0.0119	—
	99090360	汽车式起重机 8 t	台班	0.0038	0.0119	—
	99451170000	电缆敷设牵引设备	台班	0.0038	0.0119	—
	99390250	手动液压压接钳 YQ-150P×14	台班	—	—	0.0627

工作内容：1. 定位、量尺寸、锯断、剥切、内屏蔽层处理、焊接地线、套热缩管、压接线端子、装终端头。
2. 定位、量尺寸、锯断、剥切、内屏蔽层处理、焊接地线、套热缩管、压接线端子、装中间头。

定额编号				04-9-3-10	04-9-3-11
项目			单位	电缆终端头制作安装 截面 35 mm^2 以内	电缆中间头制作安装 截面积 35 mm^2 以内
				个	个
人工	00070105	综合人工(安装) 市政	工日	1.1000	0.5940
材料	29070361F	电缆终端头	个	1.0200	—
	29070932000	电缆中间头	个	—	1.0200
	29252633	电缆固定卡子 3×80	个	2.0600	—
	29090216	铜接线端子 DT-25	个	5.0800	—
	29091413	铜压接连接管 25 mm^2	个	—	4.8000
	28010114	裸铜线 16 mm^2	m	1.6000	1.5000
	27170513	自粘性橡胶绝缘胶带 20×5 m	卷	0.5000	—
	02130209	聚氯乙烯带(PVC) 宽度 20×40 m	卷	—	0.3000
	14090611	电力复合脂 一级	kg	0.0300	0.0300
	13055901	沥青绝缘漆	kg	—	4.0000
	14030101	汽油	kg	0.8000	0.5000
	27170611	相色带 20×20 m	卷	0.1000	0.1000
	02130345	聚四氟乙烯带(生料带) 宽度 60	kg	0.1600	—
	03131901	焊锡	kg	0.0500	0.0500
	03131941	焊锡膏 50 g/瓶	kg	0.0100	0.0100
	X0045	其他材料费	%	3.0000	3.0000
机械	99390250	手动液压压接钳 YQ-150P×14	台班	0.0700	0.1000

第三节 光缆敷设

工作内容：1. 检验测试光缆、光缆配盘、穿放引线、敷设光缆、复测光缆(充气试验)、安装托板、人孔中光缆包保护管、做标记。

2. 检验器材、确定接头位置、纤芯熔接、铜线及加强芯接续、盘绕固定余纤、复测衰耗、包封外护套、安装接头托架或保护盒(安装地线、充气试验)。

3. 检验器材、制作活接头、光纤熔接、测试衰耗、固定活接头、盘余缆、光缆根部固定。

4. 施工准备、光缆开剥、光缆固定、光缆束管开剥、光缆纤芯熔接、接续指标测试、保护管加热、收容后复测、接头盒封装、接头固定、清理现场。

定额编号				04-9-3-12	04-9-3-13	04-9-3-14	04-9-3-15
项目			单位	管道光缆敷设	光缆接头	光缆成端接头	光纤连接热熔法
				m	个	芯	芯
人工	00070105	综合人工(安装) 市政	工日	0.0157	14.3400	0.2404	0.0760
材料	28250201	光缆	m	1.0150	—	—	—
	29251251	光缆接续器材	套	—	1.0100	—	—
	29251225	光缆接头(包括接续材料)	个	—	—	1.0100	—
	03152510	镀锌铁丝 10$^{\#}$～12$^{\#}$	kg	0.0038	—	—	—
	03152508	镀锌铁丝 8$^{\#}$～12$^{\#}$	kg	0.0227	—	—	—
	34130218000	编号标签	个	0.0528	—	—	—
	29020301	电缆托板(带垫)	块	0.0506	—	—	—
	14030101	汽油	kg	0.0010	—	—	—
	17250122	硬聚氯乙烯给水管(PVC-U) dn225	m	0.0287	—	—	—
	X0045	其他材料费	%	3.0000	—	—	—
机械	98150230	光纤融接机 TYPE-35	台班	—	2.0000	0.0817	—
	99390050	光缆接续车 4 t	台班	—	2.0000	—	—
	99430060	汽油发电机 10 kW	台班	—	1.0000	—	—
	98150240	光纤熔接机 AV33119	台班	—	—	—	0.0760
	98150140	手持式光损耗测试仪 MS 9020A	台班	—	—	—	0.0760

第四节　手　孔

工作内容：铺垫层、浇筑混凝土、砌井水泥砂浆抹面、安装盖座、粘贴编号标签等。

定额编号				04-9-3-16	04-9-3-17	04-9-3-18
项目			单位	手孔 550×550	手孔 700×900	手孔 900×1200
				座	座	座
人工	00070103	综合人工(土建) 市政	工日	0.9419	1.2807	1.8208
材料	04050215	碎石 5～25	t	0.2660	0.3902	0.5321
	80210515	预拌混凝土(非泵送型) C20 粒径 5～40	m^3	0.1313	0.1919	0.2626
	04131710	蒸压灰砂砖	块	259.1200	529.0000	788.2100
	80060413	湿拌砌筑砂浆 WM M10.0	m^3	0.0167	0.0341	0.0482
	80060512	湿拌抹灰砂浆 M10	m^3	0.0144	0.0323	0.0554
	36015312000	圆形井盖座 650	套	1.0000	—	—
	36015313000	圆形井盖座 700	套	—	1.0000	1.0000
	17250628	软聚氯乙烯管(PVC) ϕ100	m	0.2000	0.2000	0.2000
	04290101	钢筋混凝土预制构件	m^3	—	0.2525	0.7777
	34130218000	编号标签	个	1.0100	1.0100	1.0100
机械	99070540	载重汽车 6 t	台班	0.0115	0.0313	0.0450

第四章　综合杆安装

说　明

一、本章定额包括综合杆安装一节内容。

二、本章综合杆安装已包括综合杆各部件之间的组装、灯具安装、起吊、固定及角度调整，单灯控制器、接线盒以及配线的安装、粘贴编号标签等工作。

三、本定额普通型综合杆均按单灯臂考虑，若为双灯臂普通型综合杆，定额人工消耗量增加 0.2 工日，灯臂、道路照明灯和绝缘导线消耗量乘以 2，起重机消耗量增加 0.032 台班；本定额中型综合杆均按三灯臂考虑，若为两灯（或四灯）中型综合杆，定额人工消耗量减少（或增加）0.08 工日，道路照明灯和绝缘导线消耗量乘以 2/3（或 4/3），起重机消耗量减少（或增加）0.016 台班。

四、本章已包括利用仪表测量绝缘及一般灯具的试亮工作。

五、综合杆件的分类以《综合杆设施技术标准》DG/TJ 08—2362—2021 中的划分为依据，按设计图纸套用相应定额。

六、综合杆的主杆、副杆、横臂和灯臂按成套购置考虑，相应配套的卡槽、螺栓等配件和附件应包含在成套部件中，不再单独计算。

七、定额已综合考虑了照明灯具的电源线及单灯控制线，不得另行计算。

八、综合杆粘贴编号标签已综合考虑在安装综合杆定额中，不得另行计算。

九、综合杆典型样式可分为微型综合杆、普通型综合杆和中型综合杆三类。

（一）微型综合杆

微型综合杆杆体高度为 3.5 m、4.5 m、5.5 m 和 6.5 m。其中，2.5 m 以上杆体四面应设卡槽，杆体应设置 1 处检修门（图 4.1）。

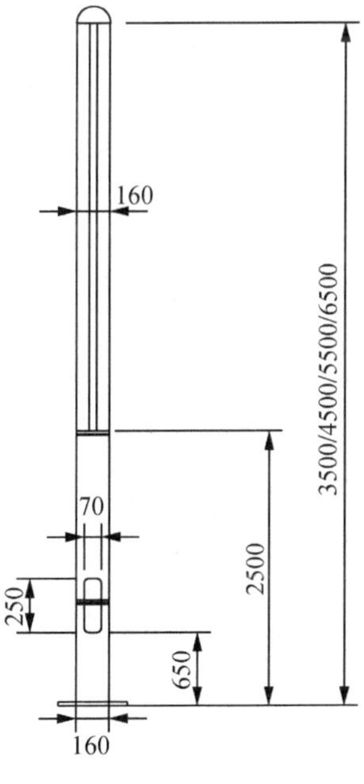

图 4.1　微型综合杆典型式样图（单位：mm）

（二）普通型综合杆

普通型综合杆的式样按横臂配置情况可分为无横臂杆、单横（斜）臂杆、双横（斜）臂杆和三横臂杆，杆体高度 5.5 m～12 m（含）不等（图 4.2）。

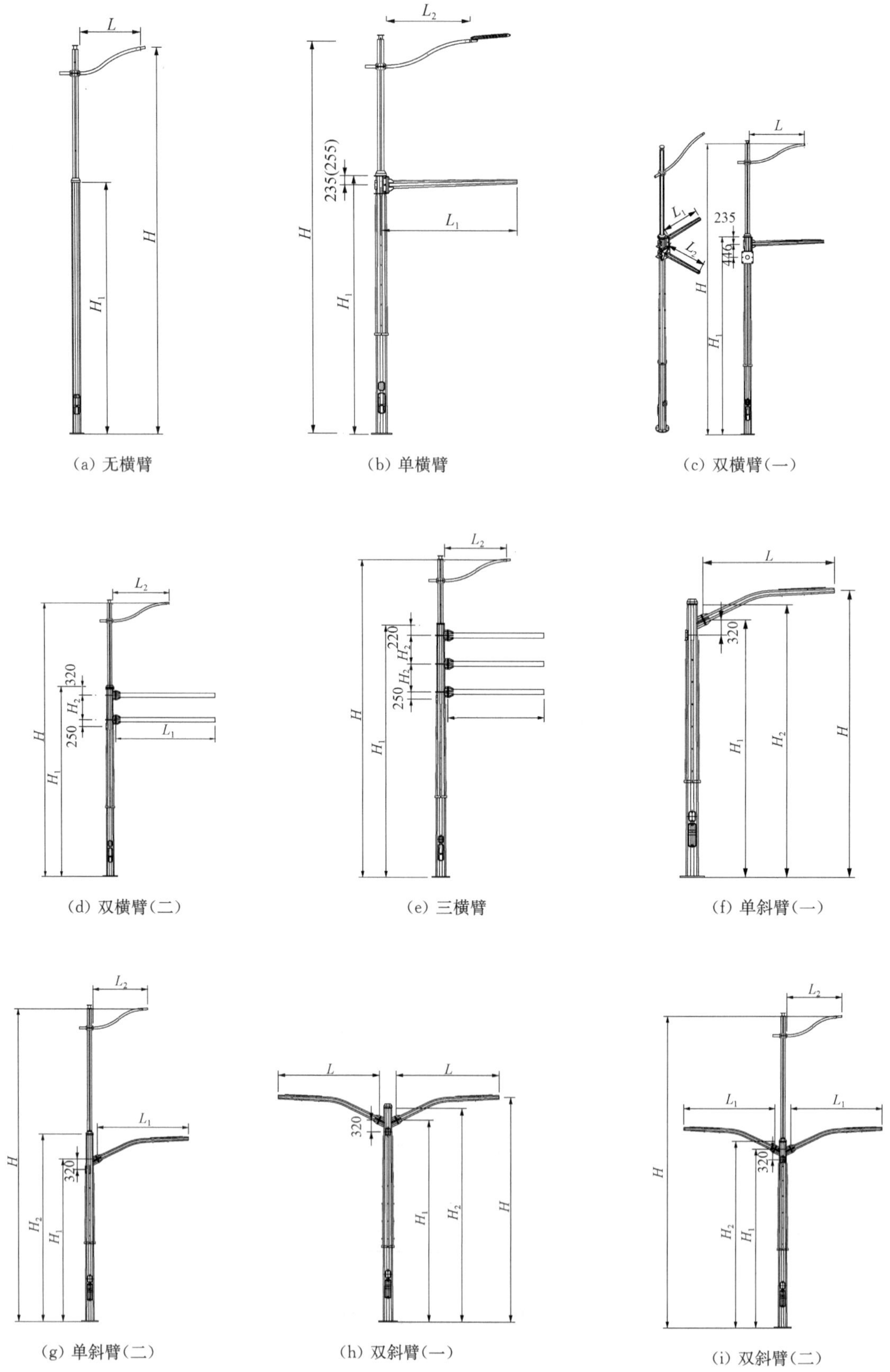

图 4.2 普通型综合杆典型式样图(单位:mm)

（三）中型综合杆

中型综合杆的式样按横臂配置情况可分为无横臂杆、单横臂杆和双横臂杆，杆体高度 12 m～14 m 不等(图 4.3)。

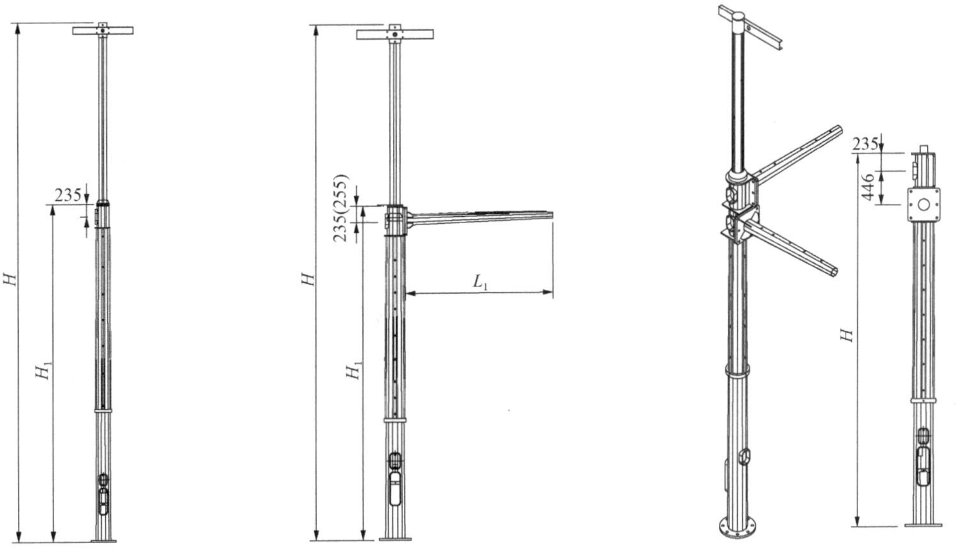

(a) 无横臂　　(b) 单横臂　　(c) 双横臂

图 4.3　中型综合杆典型式样图(单位:mm)

工程量计算规则

各种综合杆安装按设计图示数量以“套”为单位计算。

第一节　安装综合杆

工作内容： 现场组装、灯具安装、配线、接线、整体起吊、就位固定、角度调整、安装单灯控制器、安装接线盒、试灯、粘贴编号标签等。

定额编号				04-9-4-1	04-9-4-2	04-9-4-3	04-9-4-4
项目			单位	微型综合杆	普通型综合杆		
					无横臂	单横臂	双横臂(一)
				套	套	套	套
人工	00070105	综合人工(安装) 市政	工日	0.8213	1.4625	1.7355	2.1563
材料	36221012000	微型杆	套	1.0000	—	—	—
	36221013000	主杆	套	—	1.0000	1.0000	1.0000
	36221014000	副杆	套	—	1.0000	1.0000	1.0000
	36221015000	横臂	套	—	—	1.0000	2.0000
	36221016000	灯臂	套	—	1.0000	1.0000	1.0000
	Z25330501	道路照明灯	套	—	1.0000	1.0000	1.0000
	25611211	单灯控制器	个	—	1.0000	1.0000	1.0000
	Z29110101	接线盒(箱)	个	—	1.0000	1.0000	1.0000
	28030215	铜芯聚氯乙烯绝缘线 BV-2.5 mm^2	m	—	52.5000	52.5000	52.5000
	34130218000	编号标签	个	1.0100	1.0100	1.0100	1.0100
	X0045	其他材料费	%	3.0000	3.0000	3.0000	3.0000
机械	99070560	载重汽车 10 t	台班	0.0720	0.0863	0.1035	0.1350
	99090390	汽车式起重机 12 t	台班	0.1200	0.1438	0.1724	0.2250

工作内容：现场组装、灯具安装、配线、接线、整体起吊、就位固定、角度调整、安装单灯控制器、安装接线盒、试灯、粘贴编号标签等。

定额编号				04-9-4-5	04-9-4-6	04-9-4-7	04-9-4-8
项目			单位	普通型综合杆			
				双横臂(二)	三横臂	单斜臂(一)	单斜臂(二)
				套	套	套	套
人工	00070105	综合人工(安装) 市政	工日	2.1563	2.6156	1.1438	1.6650
材料	36221013000	主杆	套	1.0000	1.0000	1.0000	1.0000
	36221014000	副杆	套	1.0000	1.0000	—	1.0000
	36221015000	横臂	套	2.0000	3.0000	1.0000	1.0000
	36221016000	灯臂	套	1.0000	1.0000	—	1.0000
	Z25330501	道路照明灯	套	1.0000	1.0000	—	1.0000
	25611211	单灯控制器	个	1.0000	1.0000	—	1.0000
	Z29110101	接线盒(箱)	个	1.0000	1.0000	—	1.0000
	28030215	铜芯聚氯乙烯绝缘线 BV-2.5 mm^2	m	52.5000	52.5000	—	52.5000
	34130218000	编号标签	个	1.0100	1.0100	1.0100	1.0100
	X0045	其他材料费	%	3.0000	3.0000	3.0000	3.0000
机械	99070560	载重汽车 10 t	台班	0.1350	0.1631	0.0863	0.0923
	99090390	汽车式起重机 12 t	台班	0.2250	0.2719	0.1438	0.1538

工作内容:现场组装、灯具安装、配线、接线、整体起吊、就位固定、角度调整、安装单灯控制器、安装接线盒、试灯、粘贴编号标签等。

定额编号				04-9-4-9	04-9-4-10
项目			单位	普通型综合杆	
				双斜臂(一)	双斜臂(二)
				套	套
人工	00070105	综合人工(安装) 市政	工日	1.4213	2.0813
材料	36221013000	主杆	套	1.0000	1.0000
	36221014000	副杆	套	—	1.0000
	36221015000	横臂	套	2.0000	2.0000
	36221016000	灯臂	套	—	1.0000
	Z25330501	道路照明灯	套	—	1.0000
	25611211	单灯控制器	个	—	1.0000
	Z29110101	接线盒(箱)	个	—	1.0000
	28030215	铜芯聚氯乙烯绝缘线 BV-2.5 mm^2	m	—	52.5000
	34130218000	编号标签	个	1.0100	1.0100
	X0045	其他材料费	%	3.0000	3.0000
机械	99070560	载重汽车 10 t	台班	0.1095	0.1238
	99090390	汽车式起重机 12 t	台班	0.1825	0.2063

工作内容:现场组装、灯具安装、配线、接线、整体起吊、就位固定、角度调整、安装单灯控制器、安装接线盒、试灯、粘贴编号标签等。

定额编号				04-9-4-11	04-9-4-12	04-9-4-13
项目			单位	中型综合杆		
				无横臂	单横臂	双横臂
				套	套	套
人工	00070105	综合人工(安装) 市政	工日	2.0363	2.3464	2.8969
材料	36221013000	主杆	套	1.0000	1.0000	1.0000
	36221014000	副杆	套	1.0000	1.0000	1.0000
	36221015000	横臂	套	—	1.0000	2.0000
	36221016000	灯臂	套	1.0000	1.0000	1.0000
	Z25330501	道路照明灯	套	3.0000	3.0000	3.0000
	25611211	单灯控制器	个	1.0000	1.0000	1.0000
	Z29110101	接线盒(箱)	个	1.0000	1.0000	1.0000
	28030215	铜芯聚氯乙烯绝缘线 BV-2.5 mm^2	m	189.0000	189.0000	189.0000
	34130218000	编号标签	个	1.0100	1.0100	1.0100
	X0045	其他材料费	%	3.0000	3.0000	3.0000
机械	99070560	载重汽车 10 t	台班	0.1279	0.1302	0.1744
	99090390	汽车式起重机 12 t	台班	0.2132	0.2170	0.2906

第五章　防雷接地

说　明

本章定额包括接地极制作安装和接地母线敷设，共两节内容。

工程量计算规则

一、接地极制作安装按设计图示数量以“根”为单位计算。

二、接地母线敷设按设计图示数量，另加按接地母线、引下线全长的 3.9%，以“m”为单位计算。

第一节 接地极制作安装

工作内容：下料、尖端及加固帽加工、油漆、接地极打入地下及埋设。

定额编号				04-9-5-1
项目			单位	接地极
				根
人工	00070105	综合人工(安装)市政	工日	0.4855
材料	27062201	接地棒	根	1.0300
	01130332	镀锌扁钢 40×4	kg	0.2039
	03130101	电焊条	kg	0.1967
	03211001	钢锯条	根	0.8350
	13053101	沥青漆	kg	0.0154
	X0045	其他材料费	%	3.0000
机械	99250010	交流弧焊机 21 kVA	台班	0.0986

第二节　接地母线敷设

工作内容：1. 接地线平直、下料、测位、打眼、埋卡子、煨弯、敷设、焊接、刷漆。
2. 穿导线、导管疏通、穿线、编号等。

定额编号				04-9-5-2	04-9-5-3
项目			单位	接地母线 扁铁	接地母线 铜缆
				m	m
人工	00070105	综合人工(安装) 市政	工日	0.0881	0.0177
材料	27061751	接地扁钢	m	1.0500	—
	27061321	接地铜缆 16 mm^2	m	—	1.0500
	03130101	电焊条	kg	0.4999	—
	03211001	钢锯条	根	0.4999	—
	13053101	沥青漆	kg	0.2999	—
	X0045	其他材料费	%	5.0000	5.0000
机械	99250010	交流弧焊机 21 kVA	台班	0.0088	—

第六章　设备调试

说　明

本章定额包括接地装置调试、单灯控制装置调试以及综合电源箱、综合设备箱调试，共三节内容。

工程量计算规则

一、接地极调试按设计图示数量以“根”为单位计算。
二、接地网调试按设计图示数量以“系统”为单位计算。
三、单灯控制器及区域控制器调试按设计图示数量以“套”为单位计算。
四、综合电源箱、综合设备箱调试按设计图示数量以“套”为单位计算。

第一节 接地装置调试

工作内容：接地电阻测量、避雷器试验、编写调试记录和调试报告。

定额编号				04-9-6-1	04-9-6-2
项目			单位	接地极调试	接地网调试
				根	系统
人工	00070105	综合人工(安装) 市政	工日	0.2000	11.0000
机械	98050580	接地电阻测试仪 3150	台班	0.0500	1.5000

第二节　单灯控制装置调试

工作内容：试运行、调试、编写调试记录和调试报告。

定额编号				04-9-6-3	04-9-6-4
项目			单位	单灯控制器调试	区域控制器调试
				套	套
人工	00070105	综合人工(安装) 市政	工日	0.2548	1.0000
机械	98010270	高精度定位采集设备	台班	0.2548	0.5000
	98050980	数字万用表 F-87	台班	0.2548	0.5000
	98051630	各量程电压电流表	台班	0.2548	0.5000
	98410210	单灯终端调试手持设备	台班	0.2548	—
	98410310	区域控制器调试手持设备	台班	—	0.5000
	98470200	对讲机	台班	—	3.0000
	98370890	便携式计算机	台班	0.2548	0.5000

第三节　综合电源箱、综合设备箱调试

工作内容：试运行、调试、编写调试记录和调试报告。

定额编号				04-9-6-5	04-9-6-6
项目			单位	综合电源箱调试	综合设备箱调试
				套	套
人工	00070105	综合人工(安装) 市政	工日	2.5000	3.5000
机械	98410110	电动校验综合台	台班	1.0000	—
	98050950	数字电压表 PZ38	台班	1.0000	—
	98050580	接地电阻测试仪 3150	台班	1.0000	1.0000
	98050980	数字万用表 F-87	台班	1.0000	1.0000
	98150180	光纤切割器 AV33011	台班	—	1.0000
	98150230	光纤融接机 TYPE-35	台班	—	1.0000
	98150010	智能光时域反射计 AV3661	台班	—	1.0000
	98150070	光功率计	台班	—	1.0000